千万不能没有时钟和历法

[英]菲奥娜·麦克唐纳 著

[英]大卫·安契姆 绘

张书 译

中信出版集团｜北京

图书在版编目（CIP）数据

千万不能没有时钟和历法 /（英）菲奥娜·麦克唐纳
著；（英）大卫·安契姆绘；张书译 . -- 北京：中信
出版社 , 2022.6
（漫画万物简史）
书名原文：You Wouldn't Want to Live Without
Clocks and Calendars!
ISBN 978-7-5217-4060-8

Ⅰ . ①千… Ⅱ . ①菲… ②大… ③张… Ⅲ . ①时钟—
青少年读物②历法—青少年读物 Ⅳ . ① TH714.7-49
② P19-49

中国版本图书馆 CIP 数据核字 (2022) 第 037211 号

千万不能没有时钟和历法
（漫画万物简史）

著　者：［英］菲奥娜·麦克唐纳
绘　者：［英］大卫·安契姆
译　者：张　书
出版发行：中信出版集团股份有限公司
　　　　　（北京市朝阳区惠新东街甲 4 号富盛大厦 2 座　邮编　100029）
承 印 者：北京尚唐印刷包装有限公司

开　本：889mm×1194mm　1/20　　印　张：2　　字　数：65 千字
版　次：2022 年 6 月第 1 版　　印　次：2022 年 6 月第 1 次印刷
京权图字：01-2022-1462　　　审 图 号：GS（2022）1610 号（书中地图系原文插附地图）
书　号：ISBN 978-7-5217-4060-8
定　价：18.00 元

出　品：中信儿童书店
图书策划：火麒麟
策划编辑：范　萍
执行策划编辑：郭雅亭
责任编辑：袁　慧
营销编辑：杨　扬
封面设计：佟　坤
内文排版：朵拾叁号工作室

世界各地的历法

我们的历法是依据……

太阳！

月亮！

太阳和月亮！

古埃及人、雅典人

阿拉伯人

古代中国人、犹太人

太阳、月亮还有金星！

阿兹特克历法石，美洲中部，约 1500 年

时钟和手表告诉我们时间在流逝，而历法能帮助我们有规律地划分时间。我们可以用历法对过去、现在和将来的时间进行计量、记录和预测。各种历法流传到今天，有的是写下来的，有的是刻在石头上的，如今我们还可以将历法输入计算机保存，或者记在自己的脑子里。

古往今来，世界各地的人发明了各式各样的历法：有的是通过对太阳、月亮、行星的观测得出的运行规律而制定的，有的是依据季节的更替变化制定的，有的以重大事件为节点，还有很多历法是基于当时人们的宗教信仰与神话传说制定的。

时钟和历法大事记

约公元前 3 万年——公元前 1.5 万年

已知最早的历法据说是由史前时期的欧洲猎人发明的。

约 1300 年

欧洲出现了早期的机械时钟。

公元前 3114 年

玛雅人及其他美洲中部地区的民族从这一年开始使用历法。

约公元前 3500 年——公元前 1500 年

古埃及人发明了日晷和水钟。

约 1450——1550 年

德国的锁匠发明了由弹簧提供动力的钟，并制作出最初的表。

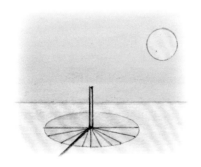

约 500 年

在亚洲和欧洲，人们开始使用蜡烛计时。

1949 年

拉比在美国发明了计时
超精确的原子钟。

1884 年

格林尼治子午线被确立为本初子午
线，作为计算地理经度的起点，也
是世界"时区"的起点。

1929 年

美国人马里森和霍顿共
同发明了石英钟。

2014 年

美国科学家团队研制出了锶原
子光晶格钟，预计可以毫无误
差地运行 50 亿年。

1728—1761 年

英国木匠约翰·哈里森发明了
经线仪，它可以在漫长的航海
过程中提供精确时间。

目录

导言

设想一下，如果你生活在一个没有时钟和历法的世界。在那里，没有人知道现在几点了，是星期几，甚至是哪一年都不知道！在那里，公交车、火车、飞机都不会准时，商店甚至不知道应该什么时候开门，连学校也无法准点上下课。这样一来，所谓假期、节日还有生日都不复存在。你甚至连自己现在几岁都无从判断了！

应该庆幸的是，我们充满智慧的祖先在过去的 3 万年甚至更久的时间里，创造了各式各样的时钟和历法，用来测量并记录时间。我们应该向他们道一声感谢！

接下来让我们一起穿越历史，去了解这些多种多样的计时方法吧！

右图是一个古老的计时仪器，叫**日晷**。不过现在已经很少有人知道它了，更别提怎么用它来判断时间。其实，正是古老的日晷，启发后人发明了现代时钟。

一年四季

现在，你是一名生活在石器时代的猎人，你以捕猎水牛为生。但水牛只有在夏季迁徙的时候才会经过你生活的地方。所以，你需要把吃剩的肉好好地储存起来，以准备足够的食物过冬。等到春季来临时，储存的食物已所剩无几，你每天饿着肚子，迫切地想知道水牛什么时候才能再次迁徙回来。你盼星星、盼月亮，每天想着夏天什么时候才能到来。你仔细寻找着夏天的征兆：小草越来越茂盛葱郁，白天越来越长，天上星星的位置发生了变化……这一切都意味着水牛群就要回来了。

啊！我的晚餐呢！

你细心地发现了一些信息之间的关系，并且通过绘画或者雕刻的方式记录了下来，铭记于心。恭喜你发明了世界上第一种历法！

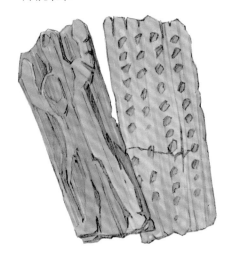

时间的痕迹。现存最古老的历法，在3万多年前被人雕刻在一块猛犸象牙板上。它一面记录了猎户星座，另一面雕刻着怀胎九月的周期记录。

观星者。非洲东部的博拉纳历法是基于对月亮和7颗恒星的观测而制定的。这种历法因计时精准，沿用至今。

史前石阵之谜。在苏格兰的刘易斯岛上，卡拉尼什地区矗立着一座神秘又壮观的巨石阵。据考究，石阵大约始建于公元前3000年，它们的用途令人费解，可能是一种历法，也有可能是某种建筑遗迹，比如神殿或陵墓。

仙人掌日历。在纸张尚未发明时，印第安人用仙人掌记录信息。他们将仙人掌晒干，制成长条状并划分，以记录重要事件。

3

月、周、日、时

一天究竟是从什么时候开始的呢?

古埃及人的一天从黎明开始。

古巴比伦人、古希腊人、古犹太人都认为，日落是一天的开始。

时光快进至公元前 1500 年，那时的历法比先前的要复杂得多，而且世界各地不同文明区域都有各自的历法：古巴比伦人以 24 小时为一天、30 天为一个月、12 个月为一年，古犹太人以 7 天为一周，古埃及人的一年是 360 天再加 5 天"额外日"。如今，我们依然延用以上这些古老的历法来安排忙碌的生活，但是那些不适用的历法就渐渐被遗忘了。

想象一下，假如使用下面这几种历法，你会怎么安排自己的生活呢？比如一周只有 4 天（古代非洲历法）、一天 12 个时辰（古代中国历法）、一年 18 个月（古代美洲中部历法）。

古罗马人和古代中国人认为，一天从午夜开始。

玛雅人和阿兹特克人认为，新的一天应该从太阳升到天空的最高点时开始。

喔喔喔！

农民的一天从公鸡打鸣开始，因为喔喔喔的打鸣声吵得人再也睡不着了。

5

最早的计时仪器

手握乾坤！ 古埃及人把白天分为 12 个小时，用手指节来计时，这样一只手就可以数清楚。很简单，试试吧！

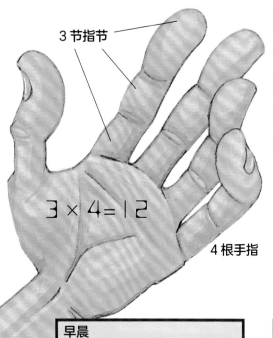

3 节指节

3 × 4 = 12

4 根手指

瞧！ 下面这个装置由一根指针和一个刻在石头上的半圆形刻度盘组成，看起来还挺简单的，对吧？只要有阳光，它就能告诉我们现在是什么时间。这就是日晷——世界上最早的计时仪器，有人认为大约在 5500 年前由古埃及人发明，至今依然在使用。日晷利用太阳光下指针在圆盘上的影子来指示时间。从日升到日落，太阳在天空中的位置不断变化，指针的阴影位置也随之移动，指向圆盘上的不同刻度。

日晷怎么看？

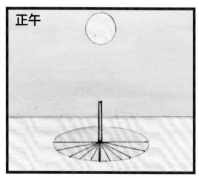

早晨

正午

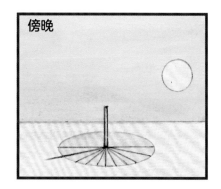

傍晚

早晨的太阳在空中的位置较低。阳光斜射时，指针投射出的影子较长，从刻度盘的起始刻度开始缓慢移动。

正午的太阳高高地挂在头顶。指针的影子又短、又清楚，正好指向刻度盘正中间的刻度。

傍晚的太阳即将落山。指针的影子又变长了，慢慢指向刻度盘末端的刻度。

7

时光飞逝如流水

微妙的水钟

大多数情况下，**水钟**还是很好用的，但也有特殊情况。因为只有在保证水流稳定的情况下，水钟才能正常使用。

时间从来不会停！正因如此，在希腊、埃及，以及亚洲和美洲的一些国家，最早发明出的计时工具都借用了那些能够以稳定运动速度变化的物质。其中水流是最常见的，当然也有用沙子或水银（一种可流动的液态金属）来计时的。人们发现，假如在容器内放入固定重量的某种物质，并让它从容器的一端流向另一端，只要重量相同，在容器中移动所需要的时间总是固定不变的。

我们一起到公元前 350 年的古希腊，去看看当时著名的计时工具"水贼"（也叫水钟）是怎么工作的吧！当时的古希腊已盛行民主制，人们在集会时就常常使用水钟为演讲者计时，这也是当时民主的重要体现。

水压的稳定也很重要。

而且，水钟需要**定期维护**。

在冬天还有个大问题，水会**结冰**。

此外，水钟计时与太阳显示的时间**无法匹配**！

怎么现在才告诉我，这竟然是个时钟啊！

在**波斯**（今伊朗），人们用一种带孔的碗来计时：将碗放入水中，它下沉的时间总是固定的。

尝试一下！

先准备一个小塑料罐，请大人帮忙在罐上钻几个小孔。再准备一个大点的盆装满水，将带孔的小罐放入水盆中。仔细观察，并记录下小罐完全沉入水底需要多长时间。这样一来，一个用水计时的装置就完成了！

水钟停了，发言就结束！这个发明真不赖！

随风飘散的时间

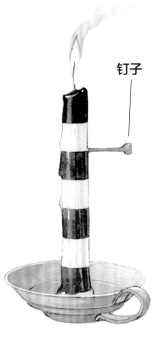

钉子

不喜欢用水钟计时？何不尝试一下用蜡烛呢？蜡烛燃烧的速度缓慢而均匀，非常适合计时，而且蜡烛使用简单、便于携带。蜡烛不同于日晷，在没有阳光直射的室内和夜间也可以正常计时。

自大约 500 年起，蜡烛开始取代使用了数百年的油灯。但是蜡烛价格昂贵，燃烧的时候会滴蜡，燃烧时间有限，还有可能引发火灾。此外，蜡烛也不能显示准确的时间，甚至连上午还是下午也无法区分。一旦烛火被风吹灭了，就无法知道时间了！

皇室闹钟。 英格兰国王阿尔弗雷德大帝（849—899 年）曾把蜡烛当作闹钟使用：他在蜡烛的一面插入一枚钉子，当蜡烛燃烧到插钉子的位置时，钉子就会掉下来发出声响，把他叫醒。

时光飞逝。 装有流沙的沙漏也是一种很好的计时工具，并且比油灯和蜡烛都安全得多。通常来说，用沙漏计时是非常可靠的，但最好不要在出海时使用，尤其是遇到暴风雨的时候！

香烟缭绕。 在亚洲，人们点燃昂贵的盘香计时。盘香匀速燃烧，缓慢而柔和，既可以测量时间，又能散发出好闻的香气。

如果**蜡烛灭了**也没关系，打更人会为大家报时的。他们会按时通知人们什么时候该睡觉了，什么时候要起床了。

背诵祷文也是一种不错的计时办法。以前西方的古书上曾提到过，做什么菜时要背哪句祷文。其实这就是一种变相帮助厨师掌控菜肴火候的方式。

转轮上的时间转啊转

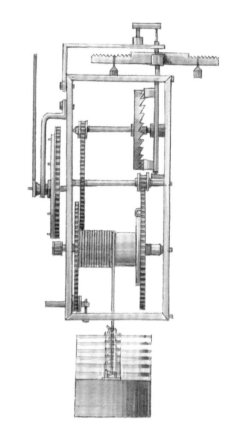

$约$1300 年，欧洲进行了一场计时方式的全新改革——机械时钟出现了！

你瞧，那座高耸的建筑上就有一个金属制成的机械大钟！看到下方那个笨重的重锤了吗？它系在一根长绳上，依靠地球引力的作用，缓慢而平稳地下降。长绳的一头与绞盘和齿轮相连，重锤下降时，齿轮转动就会带动金属杆运动，进而推动摆轮，带动指针沿着钟面匀速转动。当重锤降落到地面时，壮汉们会再次将其拽回到顶部，然后继续带动齿轮工作。多么绝妙的工程设计啊！

时间在齿轮间流转。 齿轮转动，推动金属杆带动摆轮，摆轮推动指针。

摆轮

金属杆

齿轮

重力和动力。 机械钟是依靠由金属或石头制成的重锤作为驱动力工作的。至于重锤的质量需要仔细计算，否则钟表指针会转得太快或太慢。

不停转动的齿轮。 机械钟能够计时，归功于一连串齿轮稳定而匀速地运动。齿轮就是一个个边缘像牙齿一样的小轮子，在其中起着控制和传动的作用。

布拉格天文钟，
建于1410年左右。

原来如此！

钟表在英文中是"clock"，这来源于法语中"cloche"一词，意思是鸣钟。你知道这是为什么吗？因为机械钟出现之前，修道士们常常通过敲教堂钟的方式来宣布祷告时间。

嘀嗒嘀嗒。机械钟工作时会发出一种独特而匀速的嘀嗒声，似乎是在告诉世人，时间一去不复返。

当当当！

这位新邻居的声音可真吵啊，铛铛铛响个不停！

一摇一摆的时间

灯光摇曳。伽利略看到教堂里悬挂着的重重的吊灯会来回摆动。他发现只要吊绳的长度相同，吊灯往返所需的时间就是一样的。

下图是一只**现代钟表**结构示意图，这是人们基于1641年伽利略的构想设计的。

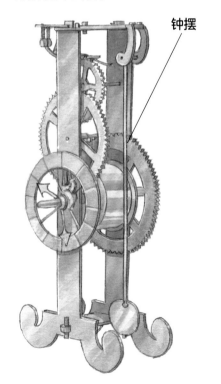

钟摆

嗖！

嗖！你听，这又是一个天才灵光一现后有新发明落地的声音！

现在我们来到了1641年的意大利，伟大的物理学家伽利略设计了一台有摆的钟。钟摆左右摇摆，进行规律而稳定的匀速运动，非常适合用来计量时间。虽然伽利略的设计并没有在实际生活中真正制作出来，但是他的研究启发了荷兰物理学家惠更斯，惠更斯在1657年制作出第一台摆钟。摆钟计时精确，外观气派，深受欧洲有钱人的青睐！在这一时期，摆钟可以算是最好的计时工具了。

随着对计时方式的不断探索，人们逐渐发现传统基督教历法**儒略历**并不准确，于是罗马教皇格雷果里十三世施行了新的历法。因为新历法的一年比之前的少了约10天，当时人们都吵着要把"丢失的"时间要回来！

精准计时。随着时间单位"分钟"（每小时60分钟）和"秒"（每分钟60秒）在计时上的广泛使用，钟表上先是增加了分针，直到1780年左右秒针才被装在钟表上。

随身携带时间

让我们在近代欧洲稍作停留，因为那时还有一项更加精妙的发明呢！

在 1450 年左右，德国锁匠发明了一种弹簧锁，只要用钥匙拨开里面的弹簧，锁就打开了。没想到这种锁竟然危险系数极高，发生了数次事故后，人们意识到小小的弹簧里蕴藏着巨大的能量！有人发现这种卷紧的弹簧——发条——也许可以为计时器提供持续的动力。当发条上紧后再缓慢松开时，它就可以推动钟表的指针转动起来。小巧的发条让发条钟轻巧便携。1550 年前后，世界上最早的表诞生了！

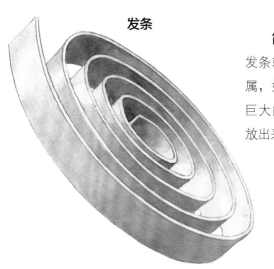

发条

简单的构造，大大的能量。

发条就是一圈绕成螺旋形状的金属，如左图所示。发条可以存储巨大的能量，并在松开时逐步释放出来。

看这里！用钥匙上紧发条，发条带动齿轮和摆轮，最后带动钟表的指针运动起来。

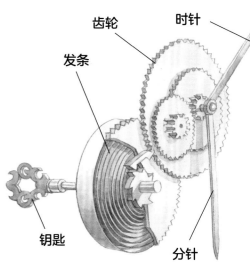

齿轮

时针

发条

钥匙

分针

尝试一下！

自制发条。将一根细铁丝卷成螺旋状的弹簧圈，用两根手指用力捏住。

此时你感受到发条中蕴含的能量了吗？要注意安全。

陛下，这是送您的大礼。啊！不好意思，弹簧出了点小意外！

千万别迟到！ 无论是在城里还是乡下，如果外出的时候没有手表，就没办法知道时间，会很麻烦的！

全体对表！ 大约1900年以后，军队中开始流行佩戴成本低廉的手表，这让军事行动更加高效。

身份的象征。 一块漂亮精致的怀表配上一条奢华的金表链，是当时生活自律、追求时髦且富足的体现！

17

全球各地的时间

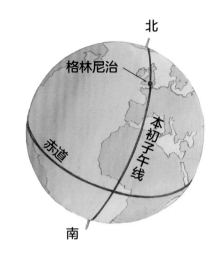

假设你是一名旅行家或探险家，此时正漂流在茫茫大海中或置身于沙漠深处，糟糕的是你迷路了！凭借观察太阳在天空中的角度，你可以判断出南北方向，但是东西怎么判断呢？真叫人绝望！

这时，你最需要的就是经线仪。出发前为经线仪校准好时间，然后在旅途中记下正午太阳最高时仪器上的时间。那么，经线仪上的时间和当地时间之差可以帮助你测算出在东西方向上走了多远。

时间起始线。 1884 年，国际经度会议决定以一条贯穿南北的假想线，作为世界"时区"的起点。因为这条线穿过英国的格林尼治天文台原址，所以又称为格林尼治子午线。

时钟时间！

太阳时间！

当地时间是根据太阳位置测量出来的，在东西方向上经度每隔 15°，时间上相差 1 小时。但是钟表上显示的时间并不会随着经度的变化而变化。

英国木匠约翰·哈里森用 30 多年的时间，不断完善他发明的发条驱动装置——经线仪。这种计时仪器可以精准显示时间，即使出海远航也能满足计时需求。

尝试一下！

在想象中来一场时空之旅吧！假如此时你所在的地方是12点钟，那么美国纽约是几点呢？借助互联网或者图书馆，你能找到答案吗？

早期的铁路部门被时间问题困扰了许久：各地使用的时间并不统一！因此从1840年开始，英国制定并使用**"铁路时间"**，即在整个铁路网内以同一地区的时间为标准！

难道现在是8点38分吗？

时差引发的重大事故！

1853年，两列美国客运火车相撞，事故产生的原因正是时差：两车的列车长把各自的表都调成了自己老家的当地时间。

无处不在的钟表！

你是守时的人吗？如果是的话，让你回到1900年前后的欧洲或者美国，你说不定会喜欢那时繁华又喧闹的城市。因为在那时，无论是车站还是商店，在办公室还是工厂里，钟表都无处不在。这主要是因为那时工人们必须准时上班，一秒钟都不能耽搁！人们制订了紧凑的排班表，以确保工厂机器不停歇地运行。

不久之后，时钟也占据了人们的日常生活。从20世纪开始，钟表已经不仅仅会出现在工作场合。可以说，有了钟表，才有了战争与和平，有了医学与科技进步，有了竞技体育与娱乐生活……

看这里！

学会安排自己的时间，做个有条理的人！你可以先从列计划清单开始：写下你需要尽快完成的作业，或者想读的书，甚至可以写下你将来的梦想哟！

媒体的时间。你是否留意过，广播在整点时都会进行报时？

运动的时间。老式秒表和新式电子表都能在比赛中帮助运动员定格破纪录的瞬间！

医疗的时间。在医院里，有不少医疗设备装有计时器，以便在监测病人的脉搏、心跳以及其他生命体征时记录准确时间。

航天的时间。对发射火箭和太空航行来说，分秒不差地计时非常关键。

自动化的时间。精准的计时系统可以控制自动化机械在规定时间内完成工作。

21

分秒必争

你有**石英表**吗？让我们来了解一下它的工作原理吧：电池（图中①）产生电流使石英晶体（图中②）每秒振荡 32768 次。

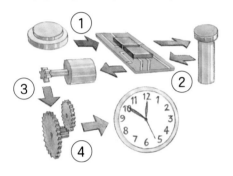

这种**振荡**带动微型电动小发动机（图中③）工作，进而推动齿轮（图中④），最后让指针转动起来。

永远准时。 现如今世界范围内的许多设备中都装有原子钟计时装置，例如计算机、手机和全球定位系统等。

摆钟是一项伟大的发明，后来经线仪的出现让计时更加精准，到了 20 世纪，越来越多的新发明颠覆了传统的计时技术。1929 年，人们发明了石英钟，1949 年又发明了原子钟，这些时钟虽然仍是运用了稳定且重复运动的原理，但却是超高速运动：原子钟里的原子跃迁频率是每秒钟 9192631770 次！因此，原子钟计时异常精准。而石英钟生产成本低廉，可以大批量生产。现在大部分电子产品设备中都装有石英钟。

数一数，在你家里或学校里，你能找到多少装有石英钟的设备呢？

尝试一下！

你的手表或家里的挂钟与原子钟时间一致吗？快去中国科学院国家授时中心网站校准一下你的时间吧！

质量

光速

能量

$$E = mc^2$$

信不信由你！ 原子钟在帮助人们进一步探究时间奥秘的过程中起到了至关重要的作用。1971 年，科学家们在一架喷气式飞机上进行了一项实验，用原子钟检验了科学家阿尔伯特·爱因斯坦的理论。

实验证明，**爱因斯坦是对的！** 原子钟显示时间并非匀速流逝的，而是受到我们运动速度的影响或快或慢。

时间就是金钱！

如今，我们可能总是习惯于拖到最后一刻才去着手做事情。于是，我们便把事情做得越来越快！工作、学习、吃饭、游戏、下载资料，哪怕就是给朋友发个信息，都恨不得瞬间完成！大多数情况下，这是好事。如果能够安排好每天的时间，我们就可以过得更加充实，享受许多乐趣。然而有时候，也难免会有一种生活被精准计时设备控制的感觉。

亲爱的小朋友，你是更喜欢这种快节奏的现代生活，还是没有时钟和历法的原始世界呢？

娱乐时间

吃饭时间

做作业时间

运动时间

嘀嗒嘀嗒

练琴时间

写日记。 你有写日记的习惯吗？通常都会写些什么呢？是记录自己的心事，还是安排忙碌的生活计划？

时间规划。 日程表确实能帮助人们很好地规划工作、旅行和假期。但是做太多计划有时候也是件麻烦事啊。

丁零零零

休息时间

早饭时间

通勤时间

上课时间

午餐时间

双头鳄鱼夹导线

土豆

铜导线

镀锌铁钉

11:57

1.5 伏电池供电的钟表，取下电池。

请按照上图所示步骤自制一块"土豆表"。

在 1400 年前后，意大利人研制出了能连续走 **24 小时**的时钟。现如今，这种钟表出现在世界各地和各种情景中：旅行中、医院里、军队里……它能显示一整天的时间，避免了因时间混乱而带来的麻烦。

与传统的钟表不同，大多数**电子钟和计时器**已经不需要指针和表盘了，取而代之的是以清晰简洁的数字显示 24 小时制的时间。

14:32

词汇表

奥林匹克年：古希腊纪年的单位。从公元前776年（第一届奥运会开始的时间）起，一个奥林匹克年为4年。

巴比伦人：建立了古巴比伦文明，这个文明于公元前1780年达到鼎盛时期。

齿轮：边缘上有齿状排列物的轮状物，在机械内部传递动力或运动。

传动：传递动力和运动。

镀锌：对某材料表面镀一层锌（一种有光泽的银灰色金属），起防护作用。

经线仪：最初用于航海的精确计时仪。

盘香：由树脂（树产生的树胶）以及其他天然物制成的细条状香品，燃烧时散发香味，常用于宗教场所。

石英：成分是二氧化硅，一种地球上常见的晶体矿物。

象牙：象的长牙，猛犸的长牙能有 5 米长。

星座：天文学上为了研究方便，把星空分为若干区域，每个区域叫一个星座，有时也指每个区域中的一群星。

引力：一个物体对另一个物体固有的吸引力。比如，地球的引力能吸引住比它质量小的物体。

原子：一种非常微小的粒子，构成单质和化合物分子的基本单位。

原子钟：利用原子在不同能量级的高速转变进行计时的钟表。

跃迁：（与原子钟相关）原子等由某一种状态，过渡到另一种状态。

振荡：振动。有规律的振动可以用来计时，比如石英手表。

钟摆：一端固定，另一端悬挂重物的装置，能够前后或左右来回自由摆动。

计时

体育和音乐，这两项世界上受欢迎的活动都离不开精确计时。

- 势均力敌。在竞技体育中，顶级运动员之间的比赛成绩可能相差不到 0.01 秒。这可比你说出"时钟"或"历法"这样一个词用的时间还要短很多！

- 并列冠军。在奥林匹克运动会中，用于计时的石英钟可以精确到 0.001 秒。但是在 1984 年洛杉矶奥运会上，有两名女子游泳运动员共同取得了冠军，两人抵达终点的时间几乎没有丝毫的差别。

- 球进了！在足球比赛中，因为人员受伤、比赛中断而举行的加时赛完全可能改写比赛结果。2013 年欧洲超级杯的总决赛中，双方队伍都在加时赛的最后一分钟进球，最终，在点球大战中，拜仁慕尼黑队击败对手，夺得了冠军。

- 同步进行。在乐队演奏中，每一位成员之间都需要相互配合。在排练的时候，要跟随同一个节拍器，并按照乐谱上创作者标记的拍号进行训练。在音乐会上，他们既要听从指挥家的指示，同时也要留意彼此之间的交流。

- 感受节奏！歌唱家或演奏者常常会在音乐中注入自己的情感，对曲子进行即兴改编。这样做可能会搞砸一场演出，但假如改编得当，就极有可能给演出留下精彩的一笔。

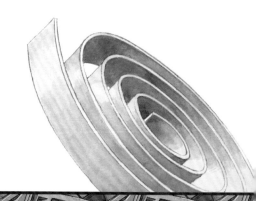

时钟之最

• 迄今为止，世界上最精准的时钟是原子钟。以 2014 年由美国天体物理联合实验室研制的锶原子光晶格钟为例，其内部的锶原子每秒可"嘀嗒" 430 万亿次，预测可精准计时 50 亿年。

• 在 2014 年，一款名叫"格雷夫斯超级复杂功能"的真金怀表以 1340 万英镑成交。这款为一位美国商人打造的手表，成为当时世界上最昂贵的男表。与此同时，最昂贵的女表是一款名为"萧邦 201"的腕表，上面嵌有 874 颗彩色钻石，价值高达 1660 万英镑。

• 1969 年，美国宇航员巴兹·奥尔德林登月时佩戴了欧米茄"超霸"系列手表。因此这也成为历史上唯一一款被"戴"上月球的表。

• 2012 年，劳力士"深海挑战"系列手表创下了水下手表的新纪录，在海平面下 10908 米处的深海依然工作状态良好。

• 世界上最古老的钟之一是英国索尔兹伯里大教堂内的天文钟。它建造于 1386 年，时至今日，依然在准确地显示时间。

你知道吗？

- 大约在公元前 250 年，古希腊人发明了一种可以报时的钟，它能够发出像猫头鹰一样的鸣叫声。后来，在 1600 年前后，德国人发明了现代的布谷鸟钟，其最初的灵感就是借鉴了古希腊人的主意。

- 印度斋浦尔古城的萨姆拉特是世界上最大的日晷，建于 1728 年，有 27 米高。

- 世界上著名的时钟包括纽约中央火车站的四面钟和伦敦的大本钟，它所在的钟楼（伊丽莎白塔）是威斯敏斯特宫的附属建筑。

- 世界上最大的钟楼位于沙特阿拉伯的麦加，有 601 米高。除了显示时间之外，它还会每天播报 5 次穆斯林做礼拜的时间。

- 1999 年，第一台万年钟诞生，设计运行 1 万年。设计师希望通过这台时钟，启发人类以新的视角看待自我的存在和时间的无限。

- 尽管我们处于 21 世纪的今天，飞机、火车、电脑和媒体等都在使用国际通用的公历。然而在世界各地，仍有许多种古老的历法沿用至今，比如中国的传统农历，以及美洲中部的传统历法。

- 我们不可能穿越回到过去，但从科学的角度来说，去到未来是有可能的！如果真的是这样，到那时，我们就需要开创新的计时方法和历法了。

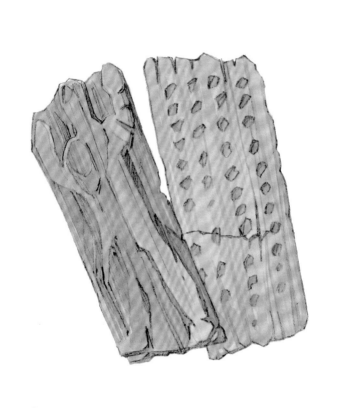

12个我们熟悉又极易忽略的事物，有趣的现象里都藏着神奇的科学道理，让我们一起来探寻它们的奥秘吧！